科学能救命

可怕的急流

[英]费利西娅·劳 [英]格里·贝利 著 [英]莱顿·诺伊斯 绘 苏京春 译

中信出版集团丨北京

图书在版编目（CIP）数据

可怕的急流 / (英) 费利西娅·劳, (英) 格里·贝
利著; (英) 莱顿·诺伊斯绘; 苏京春译. -- 北京:
中信出版社, 2022.4
（科学能救命）
书名原文: A River Adventure
ISBN 978-7-5217-4132-2

Ⅰ. ①可… Ⅱ. ①费…②格…③莱…④苏… Ⅲ.
①河流—少儿读物 Ⅳ. ① P941.77-49

中国版本图书馆CIP数据核字（2022）第044642号

可怕的急流
（科学能救命）

著　　者：［英］费利西娅·劳 ［英］格里·贝利
绘　　者：［英］莱顿·诺伊斯
译　　者：苏京春
审　　订：魏博雯
出版发行：中信出版集团股份有限公司
　　　　　（北京市朝阳区惠新东街甲4号富盛大厦2座　邮编　100029）
承　印　者：北京联兴盛业印刷股份有限公司

开　　本：889mm×1194mm　1/20　　印　张：1.6　　字　数：34千字
版　　次：2022年4月第1版　　印　次：2022年4月第1次印刷
京权图字：01-2022-0637
书　　号：ISBN 978-7-5217-4132-2
定　　价：158.00元（全10册）

出　　品：中信儿童书店
图书策划：红披风
策划编辑：黄夷白
责任编辑：李银慧
营销编辑：张旖旎　易晓倩　李鑫橙
装帧设计：李晓红

目 录

乔和碧博士的故事

　　我和碧博士刚刚旅行回来——那是一场相当可怕的旅行！到底发生了什么呢？

　　最初，我们计划沿着河流的方向，从河流在山中的源头开始，一直走到宽阔平缓的入海口。

　　这条河流的源头在海拔很高的地方，那里涌出清澈的泉水。但是我们发现，这条河顺着山坡一路向下，水逐渐变得浑浊，后来还出现了有毒的淤泥。

　　我们必须弄清楚究竟发生了什么——不管探索这条河流会有怎样的挑战……

那是一天清晨，我和碧博士来到这条河流的源头所在的山上，纯净的泉水从岩石间汩汩流出。那里放了一个小水嘴，人们可以接水来喝。

这泉水十分清冽，好像是刚从天上落下来似的。

水循环

雨或雪作为降水从云层中落下

水从山坡上汇入小溪

它聚集在地下，流入湖泊或河流

当水蒸气凝结成肉眼可见的水滴时，云就形成了

水蒸发变成水蒸气，它很轻，肉眼不可见

水也会流入湖泊和水库

河流的源头

降雨或降雪时，水会渗入松软的地面，直到碰到坚硬的岩石，就再也沉不下去了。水聚集在不透水岩层上就会形成地下湖或排入倾斜的岩床之上。

如果岩石出现裂缝，水就可能涌出到地面，也就是我们看到的泉水。因为重力作用，水总是由高处流向低处。

水流要么沿着沟渠和山谷走，要么就慢慢将所遇的阻碍物磨平或滴穿。河流的发源地也可能是沼泽、湖泊和冰川。

河流的源头是离河流入海口最远的地方。

河流的生命

①

源头：河流的发源地往往是泉水，或者是冰雪消融形成的细流。

对于一条河流来说，它总是分段发展的。源头的水流是非常小的，有可能只是从山体岩缝中流出的一股泉水。但是随着这股水慢慢向下流去，一直流向大海或大湖泊，它会一点一点变得宽阔而壮大。

溪流：河流源头的水从山顶上或者山腰上流下来，多股小支流汇成溪流。

②

③

蜿蜒的河流：这条河流现在变成了一条更宽阔，流速也更快的河流。

7 **三角洲**：河流最终会流入海洋或者湖泊。在下游，河流可能会将土地淹没，有时候还会形成三角洲。

6

4 **宽阔的河流**：现在，地势更加平坦，河流也变得更宽阔，水流速度逐渐变慢。一些沉积物——泥沙、岩石和砾石——都是河流一路冲刷而来的，便会沉积在河床上。

5 **流过城镇**：当河流到达平原时，它会经过小城镇，甚至大城市。在这里，河水可供家庭和工业使用。当然需要注意环保，否则河流就会被污染。

现在，山坡越来越陡，溪流开始快速奔下山。很快，它就变成了一股急流，能将挡在路上的小石头甚至巨石一并冲走。

我和碧博士沿着河流的方向往下走，但是它突然就消失在了一个陡峭的峡谷中。为了穿过这段幽暗还显得有点诡异的峡谷，我们登上了一艘浅底的内河小艇。

把峡谷切开

在上游地区，河流的流速可能会非常快。快速奔腾的水流能够磨损坚硬的岩石层，从而形成一个两侧陡峭的深谷，我们将这样的地形称为峡谷。

河流对岩石的这种磨损过程称为侵蚀。河水泛滥时，侵蚀也会加速，一些更深更宽的峡谷便形成了。

科罗拉多大峡谷

非常深的峡谷叫作大峡谷。美国的科罗拉多大峡谷就是一个典型的大峡谷。

它是由亚利桑那州的科罗拉多河侵蚀而形成的。

科罗拉多大峡谷长达 446 千米，宽达 29 千米。在一些地段，它有将近 2 千米深。

峡谷岩层

科学家相信，这条河流在 2 000 万年至 1 700 万年前就已经逐渐侵蚀岩石从而形成峡谷了。它的岩层显示出了长达 20 亿年的地质历史。就连最表层的石灰岩也有约 2.5 亿年的地质历史了。在这里，科学家还发现了珊瑚和其他海洋生物的化石。这表明，该地区很久以前曾是一片汪洋大海。

腕足动物

珊瑚

海洋生物化石

动物足迹

苔藓虫

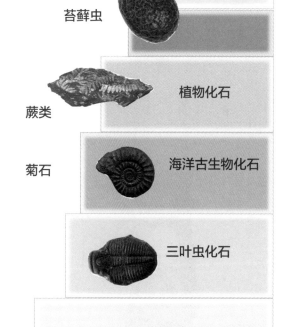

蕨类

植物化石

菊石

海洋古生物化石

三叶虫化石

科罗拉多河

单细胞生物

内河小艇突然停了下来，我们不得不从小艇上下来。原来到了峡谷的尽头，前面被堵住了。

工程师将峡谷出口堵住，在这里建造了一座大坝来发电。水力发电是利用水位落差，配合涡轮发电机来产生电能的。

水坝

一种水力发电是将电站建造在一个非常高的瀑布上面。而另一种，是建造一个拦住河流的大坝，形成一个湖泊或水库。大坝上有一些叫作导水管的沟槽，将水引向涡轮发电机。

一个水电站大坝，它拦截住了这条河流

水力发电

世界上许多电力都来自水力发电。在水力发电站中，水流下落产生的能量驱动着涡轮发电机。

涡轮是一种带有叶片的轮子。轴承与轮子相连。流动的水撞击叶片，使轮子和轴承转动，而轴承连接着可以产生电能的发电机。

之前的旅程已经非常不容易了，我们接下来要顺流而下，这一段更困难。

现在，河水疾驰而下，雷鸣般地咆哮着跌入了下面的山谷。是时候再次坐上我们的内河小艇了。

急流

有时，坚硬的岩石从浅河床上隆起。由于松软的岩石要比坚硬的岩石更容易被侵蚀，河流中形成了不均匀的坡度。随着时间的推移，坚硬的岩石依旧坚挺在水面之上，河水飞驰而来拍打着这些坚硬的岩石，形成了流速很快、波涛汹涌的急流。

白色浪花

　　飞溅在岩石上的水中有气泡，水看上去就像变成了白色，所以叫白色浪花。白色浪花中溶解了更多氧气，所以它对鱼、昆虫和细菌都有益处，进而帮助维护了河流周围的生态系统的健康。

急流通常出现在河流上游

11

我和碧博士都很享受这种刺激的感觉。水流十分湍急，用力拍打着岩石，发出的巨大声音淹没了我们惊惶又兴奋的欢呼声。

正因如此，我们根本没有注意到河流已经发生了不同寻常的变化，前方也早就发出了可怕的轰鸣声。幸亏我看到了前面的浪花，才发现前面究竟是什么！

我们正朝着一个巨大的瀑布飞驰而去。

河流中的水流力量强大，但是我们感觉到的已经不一样了，这是一股奔向瀑布边缘的强大水流。水流裹着我们的小艇将它推向了河流的边缘。

这时，想抓住船的双桨已经非常困难，但我们必须靠船桨才能划出这个危险的地方。无论如何，我们必须从河流中游划到安全的岸边。

我们真的很幸运！

我从小艇中探出身体，抓住了一根悬垂的树枝。

然后碧博士抓住了另一根，我们借着树枝一起爬上了河岸。此刻，瀑布的轰鸣声就在耳边。

我们稍微喘了口气，然后朝着瀑布走去。真的很幸运！瀑布的落差大约有20米那么高，如果刚刚被卷走，我和碧博士恐怕会凶多吉少。

瀑布

河流经过坚硬的岩石时，会形成瀑布和急流。

瀑布是在河流中水位急剧下降的地方形成的。当河流经过一层坚硬的岩石，比如花岗岩，而下面刚好又有一层较软的岩石，比如砂岩，这样的地方，往往能产生瀑布。

瀑布刚产生时是很小的，因为河流会在它遇到的坚硬岩石上快速地流过

跌水潭

当水从坚硬的岩石上流下时，它会冲击侵蚀下方的松软岩石形成一个凹陷的湖泊，叫跌水潭。河床岩石不断摩擦、落下的流水冲击和岩石裂缝的力量导致跌水潭越变越大。长此以往，上面的坚硬岩石会形成一个突出的岩架。最终，侵蚀和风化作用导致岩架崩塌。

河流会逐渐侵蚀下面较软的岩石，形成坚硬的岩架，同时雕刻出河床

非洲南部的莫西奥图尼亚瀑布（维多利亚瀑布）是世界上最壮观的瀑布之一，宽度达 1 708 米

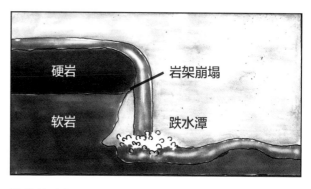

硬岩

软岩

岩架崩塌

跌水潭

掉落的岩架碎片会磨损软一些的岩石，上侧的岩架崩塌后，整个瀑布就会后退，落下的石块以及流水会继续向着瀑布后退的方向重新形成一个跌水潭，如此往复……

到了瀑布下面，河流又完全变了模样。

现在，地面十分平坦，河水蜿蜒流向前方。

碧博士拍摄了牛轭湖的照片，因为她知道的许多动物都在这些更为安静且更深的水域中安家。

她想把它们都拍摄下来。

河流的中游

河流的中游水量会更大。而当河流变得更宽阔时，其中蕴含的动能也更大了。

在河流的中游，一些小的河流汇入了主干河流。这些小的河流就叫作支流，支流的存在增加了水流量，同时，水流也变得缓和。长时间的侵蚀冲刷着河岸，拓宽了河床的宽度，也增加了河流的力量。

缓慢流动的河流绕着障碍物蜿蜒而行，形成巨大的曲线

牛轭湖

随着时间的推移，马蹄状的曲流会变得更加弯曲紧凑，直到弯曲的河流两端汇合，随着河水的进一步侵蚀，环状的河流与主干流分离出来，留下一个弯曲的湖泊，称为牛轭湖。

曲流

当河流侵蚀河岸时，它会形成大的弯曲和马蹄状，被称为曲流。河流的力量会侵蚀并削弱曲流的外侧。

因为在内侧，河流的流速会慢一些，从而形成沉积物。就这样，河流便逐渐向着曲流外侧的方向移动。最终形成了一种蛇形图案。

支流增加了水的流量，与此同时，水流下坡的坡度也会更为平缓，数百年的侵蚀也不断增加河岸的宽度和广度。

曲流很快就会形成一个牛轭湖

在科罗拉多大峡谷中，河流侵蚀了露出地面的岩层

河流中的动物，如鹈鹕、水獭和蜥蜴，会选择在河里或河岸边安家。它们吃生活在水中的植物、鱼和小虫子。

河流中的动物

鹈鹕用喙来追逐一条鱼，然后把它从水里钩出来。它头一抖，将鱼转移到喉囊之中，然后再把水过滤掉，最后把鱼吞下去。空气中的杀虫剂、被污染的水源和石油泄漏造成的中毒已经导致鹈鹕的数量迅速减少

有许多不同种类的蛙，它们生活在河流之中，也生活在河流两岸。它们在流域之中繁衍生活。但是，超过三分之一的蛙类物种已经濒临灭绝。其中，许多蛙是在过去30年中陆续灭绝的

水獭是一种爱嬉戏的动物，它们身体细长，脚有蹼，非常适合游泳。水獭的皮毛必须保持清洁，也正因如此，被化学物质或石油污染的水源会杀死水獭。河流中的细菌污染也造成了水獭的大量死亡

淡水的含盐量小于 0.5 克 / 升。淡水鱼需要在这种水里才能生存，它们的鳃和鳞片能够帮助它们把淡水中很少量的盐分保存在体内。淡水鱼更适应在流动的水中生活。

河流是其他动物的饮用水源。这些动物也在维持河水畅通中发挥作用，是河流生态系统的重要组成部分——这也是河流栖息地得以正常运转的原因之一。

河狸会在河岸及其附近筑坝，它们会挖沟，还会用树枝搭建自己的窝，也因此闻名遐迩。河狸有助于河流保持水道畅通，但不幸的是，河狸的数量也正在下降

河流是许多动物的生命之源。如果河流被工业和生活垃圾所污染，那么野生动物的生命就会受到威胁

巨蜥是食肉动物。它们会吃啮齿动物、鱼、蛙、蛋、其他爬行动物和任何小到可以捕食的动物。它们是依赖小动物生存的食物链的组成部分

鲤鱼　鳟鱼　鲇鱼　梭子鱼　灰鲤　大马哈鱼　鲷鱼　梭鲈

虽然我和碧博士在激流中幸存了下来，但我们却清楚地看到，河流中的其他生物或许没有我们这样幸运。

我们此前看到的水电站大坝就正在对环境造成危害。水坝会改变河流的路线，为人类提供便利，但它们也会在许多方面对河流造成破坏。

腐烂的河流

河流中难免会卷入一些植物。这些植物可能是被暴风雨带到水中的，或是从河岸上冲入的。通常，这些植物会随着河流向前流动而逐渐被冲走。但是，如果河流被水坝堵住，它们便会在水坝墙后以及下游堆积起来，并且在水中开始分解。分解这些物质会消耗河流中的大量氧气，还会释放许多不好的气体，比如二氧化碳和有毒的甲烷。

鱼需要水中的氧气才能生存

由于污染，中国长江中的白鱀豚面临灭绝

杀手藻类

在某些情况下，由腐烂物质形成的细菌会造成水体中缺氧的"死区"，"死区"中无法维持各种生命。

藻类是海洋中最早从被称为细菌的微小的单细胞生物发展而来的，细菌非常小，仅针尖儿大小的面积就可以容纳数千个细菌。人类使用工业肥料和化学物质会使蓝藻暴发，造成植物、鱼以及其他小型淡水生物死亡。

其实，我们可以采取一些措施，水力发电站的水应当进行特殊处理。农业废物和污水在流入河道之前，也需要进行特殊处理。

目前，疏浚船会帮助清理河道、清除淤泥和污染其水域的杂草。

河流的下游

河流的下游是最后一段，随着河流更接近大海，它会变得更平缓。在这里，地面十分平坦，水会沿着各条小沟渠扩散流入大海。

沉积物

沉积物是由土壤和沙子、砾石和黏土组成的，而这些东西都是被河流带到下游并沉积在河床上的。

淤泥

土壤和沙子中粒径最细小的部分沉淀成一层淤泥。随着河流流速的减慢，越来越多的淤泥会在此沉积下来。

天然堤

沉积物沿着河岸不断沉积，形成一种被称为天然堤的山脊。天然堤是分隔河道和阻止河水泛滥的天然屏障。

随着河流的冲刷，淤泥最终会沉积在河岸上

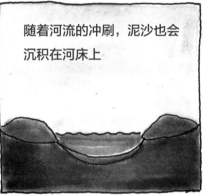

随着河流的冲刷，泥沙也会沉积在河床上

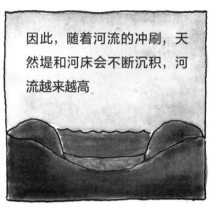

因此，随着河流的冲刷，天然堤和河床会不断沉积，河流越来越高

三角洲

河流最终汇入大海或者汇入湖泊的地方称为河口。如果河流携带着泥沙，那么这些泥沙将沉积聚集在河口周围，从而形成沙洲。

河流会在这个沙洲的周围分叉流出。

随着越来越多的泥沙形成更多的沙洲，河流的分叉也会越来越多。

最后，一个个沙洲会与河流一起，在河口周围形成一个三角形的平原，称为三角洲。

大 河

尼罗河

尼罗河蜿蜒流经 11 个国家，全长约 6 671 千米。它是世界上最长的河流，也是历史上最重要的河流之一，它是无数人的生命之源。

亚马孙河

这是世界第二长的河流，每秒约有 209 000 立方米的水流出这条河。这使它成为世界上水流平均量最大的河流。它全长约 6 480 千米，宽达 11 千米，拥有世界范围内五分之一的淡水资源。

长江

这是亚洲最长的河流，也是世界第三长的河流。这条河流对于中国来说非常重要，因为大约五分之一的货物都是在长江的上下游之间运输的，所以它是一条重要的水路。

密西西比河

这是世界第四大河。它的干流源头是美国明尼苏达州北部的艾塔斯卡湖。从那里开始，它向南流经约 3 766 千米后，到达下游的三角洲，最后注入墨西哥湾。

船只载着游客在尼罗河中上下穿梭，中途还会停下来，方便游客参观古埃及人建造的伟大城市遗址。自从人们第一次在河岸定居以来，这条河就为农作物和人们提供着水源，同时也是各城市间的交通要道

在雨季，亚马孙河水位会上升9米多，宽度也会扩展到平时的5倍左右。洪水会淹没两岸广阔的森林区域，许多房屋都漂浮在上涨后的河面之上

在中国，黄河与长江齐名，其得名于水流中裹挟的泥沙。长江和黄河为人们的家庭生活、工业、灌溉和运输提供着水利资源。长江上修建的三峡大坝是世界上最大的水电站

船只从密西西比河的下游驶向上游，需要通过许多船闸。当河面上升或下降时，这些船闸会将不同的水域围起来。然后，船只就可以在不同的高度行驶了

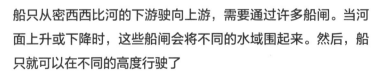

词汇表

二氧化碳
无色无味的气体。它是动物和植物呼吸时形成的。

凝结
蒸汽或者气体变成液体状态，叫做凝结。

蓝藻
也称为蓝绿藻，是地球上最早的生命形式。

三角洲
沉积在河口的三角形大面积沉积物堆积地貌，通常有几个出口。

侵蚀
侵蚀是岩石或土壤的磨损。它是由流水、风力或冰川的作用引起的。

蒸发
物质从液态变为气态的过程。

化石
化石是存留在岩石中的古生物遗体、遗物或遗迹，最常见的是骨头与贝壳等。

淡水
淡水是含盐量小于 0.5 克 / 升的水，通常存在于河流和湖泊中。

冰川
冰川是极地或高山地区地表上多年存在并具有沿地面运动状态的天然冰体。

重力
重力是将物体拉向地球中心的力。

灌溉
通过运河和沟渠将水从水源地带到旱地的一种方法，那里没有足够的降水来种植作物。

石灰岩
石灰岩是一种岩石，由一层层沉积物形成，随着时间的推移，这些沉积物被压成坚硬的岩石。

降水
从大气中落到地球表面的水。它包括雪、雨夹雪、冰雹、露水以及雨水等。

水库
一种人工湖，用于储存饮用水或灌溉用水。

沉积物
沉积物由聚集在河流、溪流底部和海床上的小石块和泥土等组成。

淤泥
一种尘埃状物质，由构成河流、溪流和水库河床的微小颗粒组成。

源头
溪流或河流开始流动的地方。

支流
流入较大河流的小河或小溪。

白色浪花
快速流动的水在岩石上快速流动，产生了气泡，让水面看上去就像是白色的。

《每个生命都重要：身边的野生动物》

走遍全球 14 座大都市，了解近在身边的 100 余种野生动物。

《世界上各种各样的房子》

一本书让孩子了解世界建筑史！纵跨 6 000 年，横涉 40 国，介绍各地地理环境、建筑审美、房屋构建知识，培养设计思维。

《怎样建一座大楼》

20 张详细步骤图，让孩子了解我们身边的建筑学知识。

《像大科学家一样做实验》（漫画版）

超人气科学漫画书。40 位大科学家的故事，71 个随手就能做的有趣实验，物理学、数学、天文学等门类，锻炼孩子动手、动眼和思考的能力。

《人类的速度》

5 大发展领域，30 余位伟大探索者，从赛场开始了解人类发展进步史，把奥运拼搏精神延伸到生活之中。

《我们的未来》

从小了解未来的孩子更有远见！26 大未来世界酷炫场景，带孩子体验 20 年后的智能生活。